孩子们看得懂的科学经典

物种起源

张 楠 编著
梁红卫 绘

北京理工大学出版社
BEIJING INSTITUTE OF TECHNOLOGY PRESS

前言

亲爱的小读者，欢迎来到达尔文的世界。我们将一起走进一百多年前出版的《物种起源》，探索“进化”的奥秘！

在阅读本书之前，不妨思考一下：为什么我们长得像爸爸或妈妈？

你心中有答案了吗？达尔文告诉我们：父母会将身上的性状传给子女，这就是遗传。中国有句老话叫作“龙生龙，凤生凤，老鼠的儿子会打洞”，还有“种瓜得瓜，种豆得豆”来形容遗传。

那么，你在生活中见过双胞胎吗？他们的脸几乎一模一样，我们很难一下子指出谁大谁小。可是，他们之间一定存在细微的差异！可能是一个人脸上有痣而另一个人没有，也可能是一个人高一些而另一个人矮一些。这是因为世界上没有两片完全相同的树叶，更没有两个完全相同的人！大自然中的生物都如此，达尔文称这种现象为个体变异。

如此一来，我们便知道了：为什么一只猫生下的同一窝小猫，也没有长得完全一样的。

是不是很神奇？达尔文在《物种起源》里提到的可不止这些，他还在书中探讨了“我们是从哪里来”“变异的鸽子”“新物种是怎样产生的”“大自然是怎样选择生物的”等一系列有趣的问题。我们也将用三册书的内容，逐个破解达尔文的这些问题。

在第一卷“物种的诞生”中，我们会了解达尔文在《物种起源》中所持的核心论点。达尔文告诉我们“自然选择”和“人工选择”是什么，并表明自然选择源于生物间存在生存斗争，继而否定了“造物主”的存在：所有生物都有共同的祖先，经过亿万年的演化，才有了如今各种各样的生物。我们也会在这一卷结识沉迷养鸽的达尔文、被淘汰的黑色羔羊、秃头的鸟、生命树……

一个全新理论的诞生，必定会伴随着诸多争议，第二卷便是达尔文站在质疑者角度提出疑问，说别人的话，让别人无话可说！诸如不会飞的鸟、鼹鼠的眼睛、被取代的丘陵绵羊、北美洲的水貂、消失的本能、眼睛的进化、蜜蜂筑巢……其中达尔文对眼睛的研究尤其痴迷，连他自己都感叹：“如果说构造如此精巧的眼睛也是通过自然选择得来的，这种想法还真让人难以置信！”

第三卷是达尔文拿出证据证明他的理论，分别是地质古生物学证据、生物地理学证据、生物的分类、胚胎学、形态学、残迹器官证据等。

本套图书的一、二、三卷分别对应《物种起源》的前五章、六至九章、十至十五章这三个部分，还搭配了大量合适且生动的插图，让我们可以更充分理解大自然的神奇之处。

达尔文花了二十多年写成《物种起源》，书中先讲什么，后讲什么，他都做了精心的安排，我们在跟随达尔文的思路探索物种起源的同时，也将懂得如何向他人表达自己的观点、如何换位思考和如何说服他人。《物种起源》中不仅记录了大量有趣的知识，也富有智慧、充满哲理，将会成为我们未来人生道路上不可多得的宝贵财富！

就是现在，出发吧！让我们勇往直前，开始一场前所未有的奇妙旅程，一起探索“进化”的奥秘，朝着美好而精彩的未来出发！

目录

丘陵绵羊
咩!
平原绵羊

翻开这一页，
看达尔文如何
破解进化的
一个个谜团！

困扰达尔文的难题

不管处于哪个年龄段，从事何种职业，有多高的学识，人都会遇到各种各样令自己苦恼的问题，就连伟大的博物学家达尔文也不例外。关于产生变异的原因，以及变异为什么能遗传的问题，困扰了达尔文一生，但他自始至终都没有放弃对这个问题的思考和研究。

陷入迷茫的达尔文

自然界中的动植物为了抢夺更多的食物、更大的地盘、更大的生存空间，不得不与其他生物展开激烈的生存斗争，也不得不发生一些有利变异去更好地适应环境，战胜竞争者。

可达尔文也说了，尽管知道个体之间存在差异，但对于变异产生的原因和变异又是怎样遗传给下一代的，他仍然一无所知。

家养动植物往往比野生动植物更容易出现较大程度的变异或畸形，如嗉囊发育异常大的家鸽、翅骨较轻的家鸭等。达尔文认为，造成家养生物在构造上发生偏差的原因和它们的生活条件有一定关系。家鸽一般居住在人工搭建的温暖鸽巢里，这和野生鸽子栖息的环境是多么不同啊！另外，它们吃的食物也很不一样。这种完全不同的生活条件，可能在鸽子的祖先生活的时代就已经形成了。

外界条件的影响

达尔文后来能在生物学领域取得如此大的成就，与他从小就喜欢观察动植物、擅长收集各种动植物标本以及勇于探究的精神是分不开的。通过观察一些实例，达尔文分析出一些可能会引发变异的因素。

南方浅水中的贝壳比北方深水中的贝壳颜色鲜亮，这是由于南方气温较高，且光照更加充足；同样的原因，生活在陆地上的鸟类比生活在海边或者海岛上的鸟类的羽毛更加漂亮；生活在海边的昆虫的颜色比生活在陆地上昆虫的颜色暗淡许多；常年长在海边的植物，更容易生长出肥厚的叶片……因此，达

尔文推断，一些细微变异的产生可能和生物的生存环境有关。

紧接着，达尔文又茫然了：一种生物身上保留下的有利变异，无论其发挥的作用是大是小，是受自然选择的累积作用多一些，还是环境因素造成的，或是因为自然选择导致的呢?

像狐狸这种皮毛厚实的动物，生活的地方越靠北，气候越寒冷，它们的皮毛越厚实、保暖。但是谁又能说清这种变异是被自然选择保存

并累积下来形成的，还是由于气候寒冷而直接导致的呢？我们可以直观看到的是，气候发生变化后，动物的皮毛也会跟着发生一些变化。比如在冬天，宠物狗的毛发变得很繁密厚实，而到了春季，便开始脱毛。

不会飞翔了的鸟类

鸟类不会飞，这是真的吗？达尔文也发现了自然界中存在的这种怪异现象。南美洲生活着一种大头鸭，只能在水中拍打一下翅膀，飞不起来了，变得和家养的鸭子没什么区别。

早先，大头鸭在幼鸟期其实是能够飞翔的，但这种大型的鸟类长大之后几乎都在陆地上觅食，为了躲避天敌才起飞。久而久之，大头鸭的翅膀因久不使用而退化，从而失去了飞翔的能力。很多岛上的鸟类也因缺少天敌的追捕，翅膀不经常使用而慢慢退化，不会飞了。

鸵鸟是陆地上体形较大、又不会飞翔的鸟类。虽然胆子不大，但当遇到危险时，它们拥有的强大的自卫武器——矫健有力的长腿，可以奋力踢蹬敌人，向任何侵犯者发起有力的反击！鸵鸟的祖先也是会飞的，但在漫长的进化过程中，它们的身形越来越大，体重也随之增加，再加上频繁使用腿，很少使用翅膀，最终失去了飞翔的能力。

但这种器官的退化是不能遗传的，遗传特征是由基因控制的。

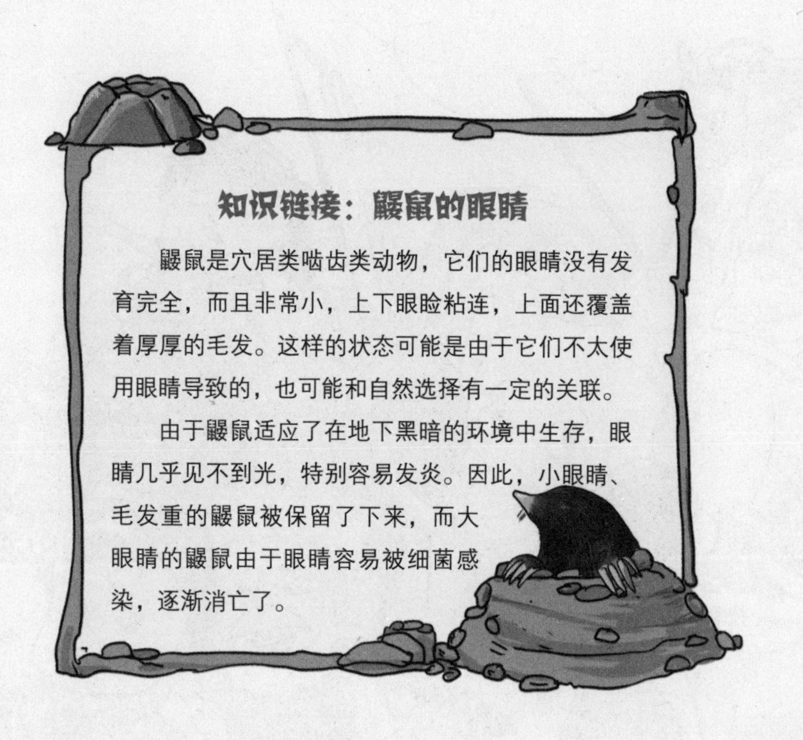

知识链接：鼹鼠的眼睛

鼹鼠是穴居类啮齿类动物，它们的眼睛没有发育完全，而且非常小，上下眼睑粘连，上面还覆盖着厚厚的毛发。这样的状态可能是由于它们不太使用眼睛导致的，也可能和自然选择有一定的关联。

由于鼹鼠适应了在地下黑暗的环境中生存，眼睛几乎见不到光，特别容易发炎。因此，小眼睛、毛发重的鼹鼠被保留了下来，而大眼睛的鼹鼠由于眼睛容易被细菌感染，逐渐消亡了。

生物的适应力

夏天的时候，一个住在北方的小朋友将一粒龙眼种子种在了院子里，没过多久，地上就长出了一株茁壮的龙眼树幼苗。小朋友高兴极了，可没过多久，秋天来了，紧接着又迎来了霜冻，这株龙眼树还没长到小朋友那么高，就被冻死了！真可惜。来年春天，小朋友又种下一棵梨树苗，几年后，他吃到了香甜多汁的梨子。

各种植物的生长习性不同，适应环境的能力也有强有弱。

植物对气候的适应力

同一属内的不同物种数量很多，有些物种生长在极寒地带，适应了寒冷和潮湿；有些物种生长在沙漠地带，习惯了炎热和缺水。如果把这两个物种调换位置，那可就把它们害惨了！

耐寒的植物不一定能耐热，耐热的植物不一定能抗寒，如将生长在炎热地带的仙人掌等耐旱的肉质植物移植到雨量充沛的地区后，很难存活；而生长在高海拔、气候严寒和缺氧环境中的珍贵植物雪莲极其脆弱，挪动之后就会枯萎。

达尔文曾说地球上所有物种可能是由最初几个祖先繁衍而来的，假如同一个属中的所有物种都由一个亲种繁衍而来，也就意味着物种在漫长的进化过程中不断发生着能够适应不同环境的变异。否则，同一个属内的不同种植物，又怎能在气候环境完全不同的地方生存下来，繁衍后代呢？

地球上某一地区上的植物必然已经适应了所在地区的气候，可人类最初将其他地区的植物移植到本地栽种时，怎么能确定哪些外来物种可以在本地存活呢？唯有奋力挣扎，适应当地气候，外来植物才可能“落地生根”。

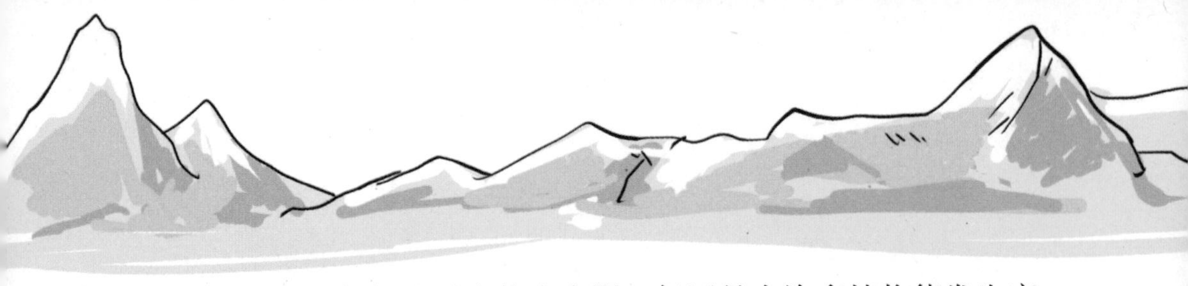

尽管对气候的适应能力有限，但还是有许多植物能发生应对新气候的变异，或是“降服”于新气候。

一位博士在英国种植了一些高山杜鹃，结果这些花竟然能够适应英国的气候，还有人将北大西洋火山岛上生长的植物带回英国种植，结果也一样能存活。

在历史上的某些特殊时期，生活在低纬度地区的动物不断向高纬度地区扩大它们的活动范围，高纬度地区的动物也有向低纬度地区扩张的趋势。一切都说明了，生物在迁移或被迁移

之后，能够发生一定的适应性变异，从而更加适应栖息地的气候。

动物对气候的适应力

人类最初为什么要驯养动物呢？一是这些动物对人类有用，二是在封闭环境中饲养的动物的繁殖能力更强。

家养动物拥有很强的适应能力，它们随着人类四处流动和迁徙，与人类一起适应各种气候环境，还能在陌生的环境中繁殖后代。

人类早先驯养的猎犬可能具有野生沙漠狼或者北极狼的血统，它们能够追随自己的主人到世界各地生活。

老鼠不是家养动物，但是它们偷偷钻进了人类的粮食堆里，被携带到各种气候区，并在各地繁衍生息。看看它们现在的活动范围多么广大，数量又有多么庞大！这种能够适应特殊气候的能力，或许是许多动物与生俱来的，也或许是在漫长时间里，人类和一些家养动物具有了一定的承受不

同气候的能力。

生活在冰川时期的大象和犀牛已经灭绝了，现存的大象和犀牛只能在热带或亚热带的气候区生存。这种现象说明生物在体质、构造和形态等方面容易受环境因素的影响而发生变异。

影响适应力的关键

物种对气候的适应能力，究竟是由于生物自身的习性而产生的，还是因为自然选择呢？还是说二者共同对物种发挥了作用？

达尔文认为，生物的习性对气候的适应性有一定影响，比如，人刚换到新地区居住时，尚且会“水土不服”，需要适应一段时间，更何况比人类脆弱的动植物。所以，古人将某种生物从某地迁移到另一地时，对其照顾得十分仔细，生怕它们不能适应新环境。

另外，自然选择也一定在偷偷发挥着作用，保存下了那些本身就适应能力极强的个体，以及能够帮助生物适应新环境的有利变异。

揭开遗传之谜的“豌豆杂交实验”

我们的长相为什么那么像妈妈或爸爸呢？这是因为我们的鼻子、眼睛、嘴巴包括身高等特征都是来自他们给的。生物学中把这种亲代传递给子代相似特征的现象叫遗传。

那为什么生物的特征能够由上代传给下代，且可以代代相传呢？达尔文在写《物种起源》时，一直没有弄清遗传出现的原理，这也是进化论中存在的一个缺陷。

现代遗传学之父——格雷戈尔·孟德尔

想要揭开“遗传之谜”，就要把倒退回 18 世纪，去奥地利打听一个叫格雷戈尔·孟德尔的人。

孟德尔出生于奥地利一个美丽的乡村，其父母都是园艺师。受父母影响，孟德尔从小就对花花草草产生了浓厚的兴趣。长大后的孟德尔进入修道院，成了一名修道士，并在当地的一所中学教授自然科学。不久后，孟德尔进入维也纳大学深造，主修自然学和数学，这为他以后进行各项科学实验，打下坚实的知识基础。

孟德尔喜欢采集各种植物做实验，修道院内的一块田地成了他的实验基地，也是他的快活林。孟德尔就在这里进行了大量豌豆杂交实验，并从中发现了生物的遗传规律。

孟德尔进行了多次植物杂交实验，最后只有豌豆让他成功发现了生物性状遗传的奥秘，这是什么原因呢？

这和豌豆的传粉方式有关。豌豆是能自花传粉且还能闭花授粉的植物。当豌豆花还未开放，花瓣处于闭合状态时，就完成授粉了。在自然状态下，豌豆的后代通常是纯种的。

另外，豌豆花还有多种不同的相对性状。

所谓相对性状就是同一种生物同一性状的不同表现类型。比如羊毛的

颜色有白色和黑色，也有长毛和短毛，人的眼睛有单眼皮和双眼皮，这些都是相对性状。

那么我来考考你，羊的白毛和人的单眼皮是相对性状吗？不是！它们不属于同一种生物。羊的白毛和羊的长毛是相对性状吗？不是！它们不属于同一性状。

豌豆自身就有 7 种相对稳定且容易区分的性状，这非常有利于实验。因此，孟德尔才选择用豌豆进行杂交实验。

神奇的豌豆杂交实验

孟德尔对拥有多种相对性状的豌豆感到好奇，他想：如果让长得高的豌豆和长得矮的豌豆“生个孩子”，得到的是高茎豌豆还是矮茎豌豆，还是不高不矮的豌豆呢？

充满好奇心的孟德尔便开始了豌豆杂交实验。

在知道试验结果之前，我们还要认识一些遗传学中常见的符号。

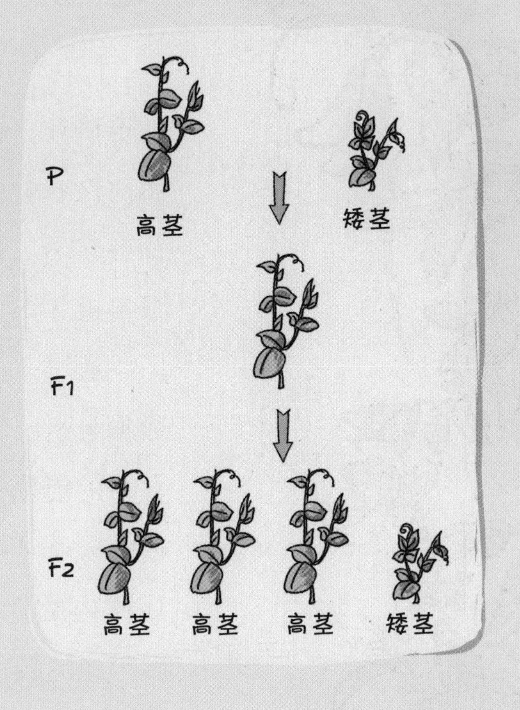

P代表亲代，F_1代表子一代，F_2代表子二代。

孟德尔首先选出高茎豌豆和矮茎豌豆这组相对性状进行杂交，得到的后代都是高茎性状的豌豆。那么矮茎性状去哪儿了呢？

紧接着，孟德尔又让这些杂交高茎豌豆在自然状态下自交，得到的后代除了有高茎性状（D）的豌豆外，又重现了矮茎性状（d）的豌豆，子一代中消失的矮茎豌豆在子二代中出现了！孟德尔称这种现象称为性状分离。此外，孟德尔还将在子一代中隐藏起来的矮茎性状定义为隐性性状，把在子一代和子二代中都出现的高茎性状定义为显性性状。

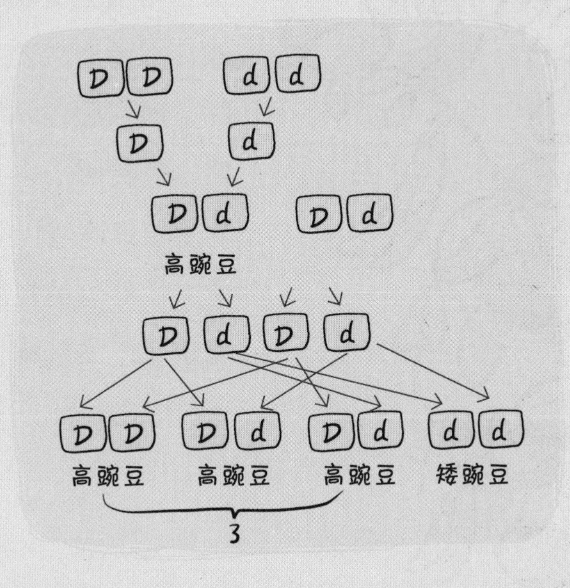

为了验证试验

的准确性，孟德尔又将豌豆的其余 6 种相对性状分别进行实验，结果每组性状都会在子二代出现性状分离，且分离比都接近 3∶1 。

通过多次的豌豆杂交试验和大量的数据分析，孟德尔发现了生物体细胞内存在的能控制生物性状的遗传单位——遗传因子（在遗传学上叫作基因）。豌豆体内的遗传因子决定着豌豆茎的高度、花的颜色、豆荚的形状等特征。

此外，孟德尔还发现遗传因子是呈颗粒式成对存在的，不会像液体那样相互融合，且有显性和隐性之分。当生物的生殖细胞形成时，控制同一种性状的遗传因子便会发生分离，分别进入不同的生殖细胞内，雌雄生殖细胞随机组合后，遗传因子也会重新组成一对，并随着生殖细胞遗传给下一代。

孟德尔的发现为现代遗传学的产生奠定了坚实基础，他也因此被称为现代遗传学之父。

遗传学对进化论的影响

我们可以将达尔文的进化论简单理解为：生物的进化要经过过度繁殖、生存斗争、遗传、变异、适者生存这些过程。若缺少其中的任何一个环节，生物的进化之路都会终止。

即使再完美的理论也会有局限性，进化论也不例外。达尔文曾在《物种起源》中不止一次提到他对“遗传”和“变异”的认知尚且不足。在达尔文生活的年代，自然科学的发展水平有限，这种缺陷是无法避免的。

在达尔文的《物种起源》出版 7 年后，孟德尔通过植物的杂交试验，提出了遗传因子和分离定律，这也是生物杂交后，其性状还能一代代地保留下来的原因。也只有这样，自然选择才能发挥作用，将生物的有利变异保存并累积下来，逐渐发展成新物种。孟德尔在遗传学上的重大发现，恰好弥补了达尔文进化论中关于遗传原理的缺陷。

中间变种消失之缘由

达尔文清楚地知道自己所写的《物种起源》并不是一部十分完美的著作，其中存在的许多难点和疑点，对普通读者来说可能是一种挑战。那么读者在阅读这本书时，如果产生疑惑，应该怎么办呢？别担心，达尔文是一位善良且仁义的博物学家，他整理了读者在阅读过程中可能会产生的困惑，并收集了大量数据，给出了耐心的解答。接下来，我们就来看看达尔文的著作中存在哪些疑点，他又是如何解释的吧。

根据达尔文进化论中的观点，假如物种是由另一物种发生细微的变异，再通过自然选择逐步进化而来的，为什么我们很难发现中间的过渡变种呢？

灭绝

达尔文认为，过渡变种很难被发现，是因为自然选择仅保留了对生物有利的变异。而产生了对自身发展有利变异的个体，更容易得到自然选择的“垂青”，逐渐发展成新物种。而变异很少或者不发生变异的亲本物种，以及其他不具优势的过渡变种，会被优势物种取代，最终便会灭绝。

按照达尔文的解释，一些过渡类型是存在的，只不过很快就被新物种取代并消灭了，所以我们才看不到它们。

地质记录很不完全

按照达尔文的解释，过渡类型存在过，但是后来灭绝了，那我们为什么没有在地壳中发现大量关于过渡类型的化石呢？对于恐龙、猛犸、大角鹿等许多曾经在地球上生活过又灭绝了的动物，考古学家们都找到了它们的化石，而过渡类型的化石几乎无迹可寻。对此，达尔文给出的解释是地质记录还很不完整。

地壳像一个大博物馆，深埋其中的化石可以帮助考古学家们探究曾经在地球上生活过的生物的足迹。尽管世界各地陆续出土过古生物化石，但人类发现的化石数量跟数亿年来曾生活在地球上的生物数量比起来微乎其微，所以地质记录仍旧存在许多空白。

有些古老化石至今还埋藏在深海或者更深的地壳当中，很难被发现，还有些化石即使埋藏在浅层地壳中，可能会随着地壳运动露出地表，但如果没有被人类及时发现，也会逐渐损坏并消失。

能够保留到被人们发现并用于科学研究的过渡类型化石非常稀少，这也就意味着，达尔文的进化论理论缺乏足够的证据支持。达尔文也只能坦然接受这样的结果，因为他明白，化石的形成和保存是多么不容易，所以过渡类型化石被发现的可能性非常小。

形成化石需要非常严苛的条件，首要条件是生物死后遗体要迅速被大量沉积物（沙丘、河床泥沙等可移动的微粒）掩埋。如若不然，待生物遗体被细菌等分解后，剩下的骨骼会在自然中被风化，消失得无影无踪。另外，生物体要有像贝壳、骨骼、牙齿等那样的硬体，才更有可能形成化石。

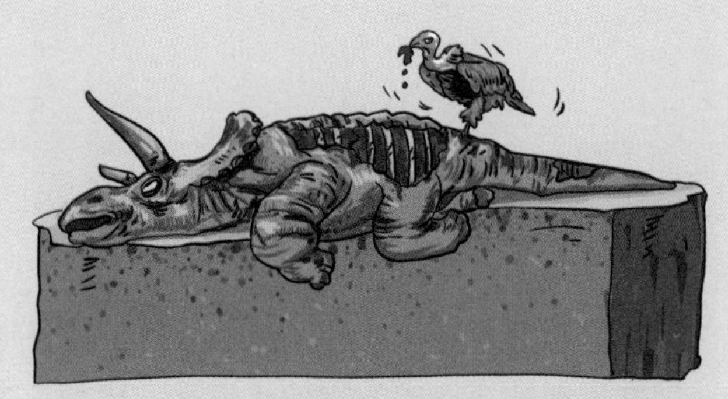

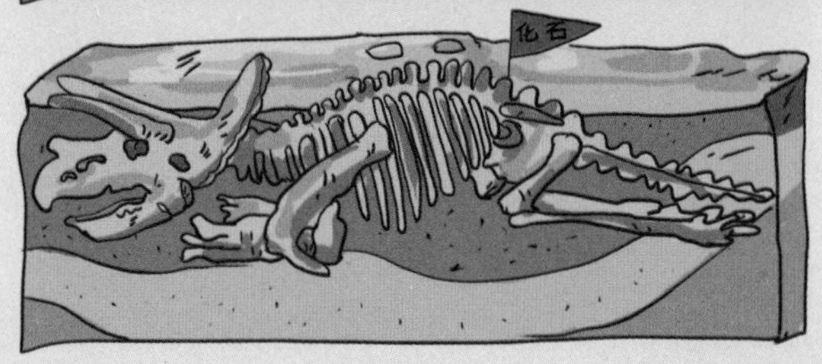

中间变种被取缔

达尔文说，过渡变种容易被两边有亲缘关系的变种欺压，并逐渐被新形成的物种所消灭。比如三个饲养者分别饲养属于同一个绵羊变种的一只绵羊，第一个饲养者选择在广大山地饲养第一只绵羊变种，第二个饲养者在平坦宽阔的平原地区饲养第二只绵羊变种，第三个饲养者在山区和平原之间的狭小丘陵地带饲养第三只绵羊变种。

我们再假设，这三个地区的饲养者都在不断通过筛选来培育良种。最后的结果就是山地和平原地区的饲养者比丘陵地区的饲养者，更快也更容易成功改良绵羊品种。

因为前两者的饲养者拥有的绵羊数量比丘陵地区的饲养者多，由于人工选择的“原材料”更丰富，拥有的变异也就更多。

逐渐地，改良后的山地绵羊和改良后的平原绵羊的数量不断增加，最后干脆汇集在了一起，取代了中间地带的丘陵绵羊。

由此可见，过渡变种容易在生存斗争中败给优势物种，然后逐渐灭绝。

山地绵羊
丘陵绵羊
咩!
羊

蝙蝠是怎样飞起来的？

按照达尔文进化论中的说法，自然选择会将对生物有利的变异保存并累积下来，使该生物后来可能进化成与亲本物种完全不同的另一物种。

对这个观点持反对意见的人，曾给达尔文出了一道难题："陆地上生活的食肉性动物是怎样转变为具有水生习性动物的？长着四只脚的蝙蝠又是怎样飞上天的呢？"达尔文认为，这个问题很好回答。生物为了生存，无时无刻不在进行生存斗争，各种生物所独有的习性，均能够帮助它们更加适应各自所处的环境。

北美洲的水貂

达尔文说，北美洲生活着一种水貂，乍一看还以为是水獭（tǎ），因为它的尾巴和皮毛都和水獭的像极了。夏天，这种水貂可以下水游泳去捕获鱼类食用；冬季来临后，这种水貂会离开冰冻的水面到陆地上，像许多鼬科动物一样，以捕猎老鼠和陆地上的其他小动物为食。

显然，像北美洲水貂这种既能在陆地上生存又能在水中生存的动物，能很好地适应各种环境。

紧接着，达尔文又来回答第二个问题："原本生活在陆地上以虫子为食的四脚兽，是怎样飞上天空变成蝙蝠的呢？"

这个问题让达尔文犯了难。从陆栖习性向水栖习性转变的例子还能找出来，但蝙蝠这种从不会飞进化到会飞的特殊情况，很难举出实例来向大家解释。达尔文说：“或许能从松鼠身上发现一些线索”。

我们来看一看松鼠科中的过渡形态。它们中有尾巴发育的比较扁平的松鼠，也有身体两侧皮肤松弛，身体后半部分长得宽大的松鼠，后者逐渐发育成了，可以靠着“皮膜”滑翔的飞鼠。

飞鼠的四肢和尾巴的基部都被一张宽大的皮膜连接着，皮膜张开时就如同降落伞一般，可以帮助飞鼠从一棵树上滑翔到另一棵很远的树上。

不同的构造对生活在不同地区的松鼠起到不同的作用，有的构造可以帮助松鼠摆脱某些大型鸟类和兽类的追捕，有的构造可以帮助松鼠更加高效地采集食物，还有的构造可以缓解松鼠在不小心跌落时身体受到的冲击力度。

但我们并不能因此就说，松鼠的每种构造已经进化到最完美的程度。因为自然界的“突发”状况很多，如气候变化、植物减少、其他啮齿类（鼠、兔子等）动物增多，或者松鼠的天

敌数量发生了变化等，都有可能导致一部分松鼠数量减少甚至灭亡，除非这些松鼠发生能够帮助它们适应环境的有利变异。

对于喜欢在树林间滑翔穿梭的飞鼠来说，皮膜越大的个体显然越具有竞争优势，也越容易被自然选择保存和累积下来，直到有一天，可能会进化成飞鼠。

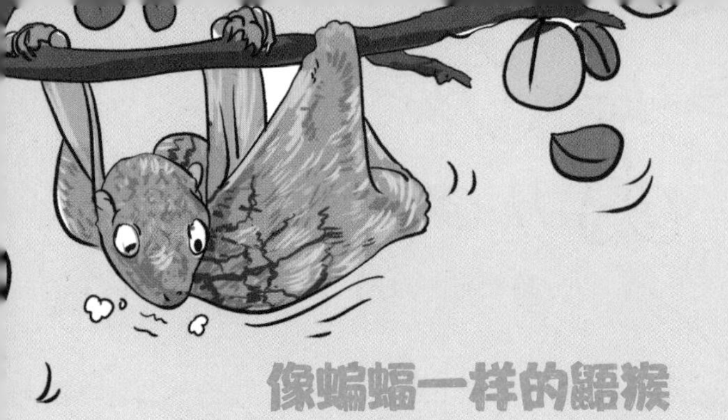

像蝙蝠一样的鼯猴

自然界中有一种会飞翔的哺乳类动物叫鼯猴，起初不少生物学家将它错认成蝙蝠的同类，因为它滑翔时的样子太像蝙蝠了！

鼯猴长相奇特，它的外观像飞鼠，但体形要比飞鼠大很多，脸上长着一双圆溜溜的大眼睛，样子很像狐猴，可它既不是鼠，也不是猴子。猴子属于灵长目，而鼯猴属于皮翼目。

更滑稽的是，鼯猴的体侧也长着宽大的翼膜，并且能够像蝙蝠一样，用宽大的翼膜将自己的身体包裹起来。白天，它们用爪子抓着树干倒挂在树上睡大觉；夜间，它们分头行动，去采集植物的嫩叶和鲜嫩的果实。

鼯猴的翼膜发育得又宽又大，从头部的下颌角一直连接到尾巴尖处，甚至连四肢都被包裹在其中，远远看着，就像裹着一件严实的披风。

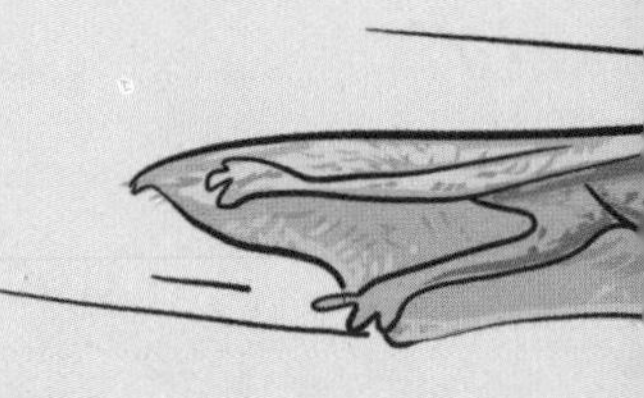

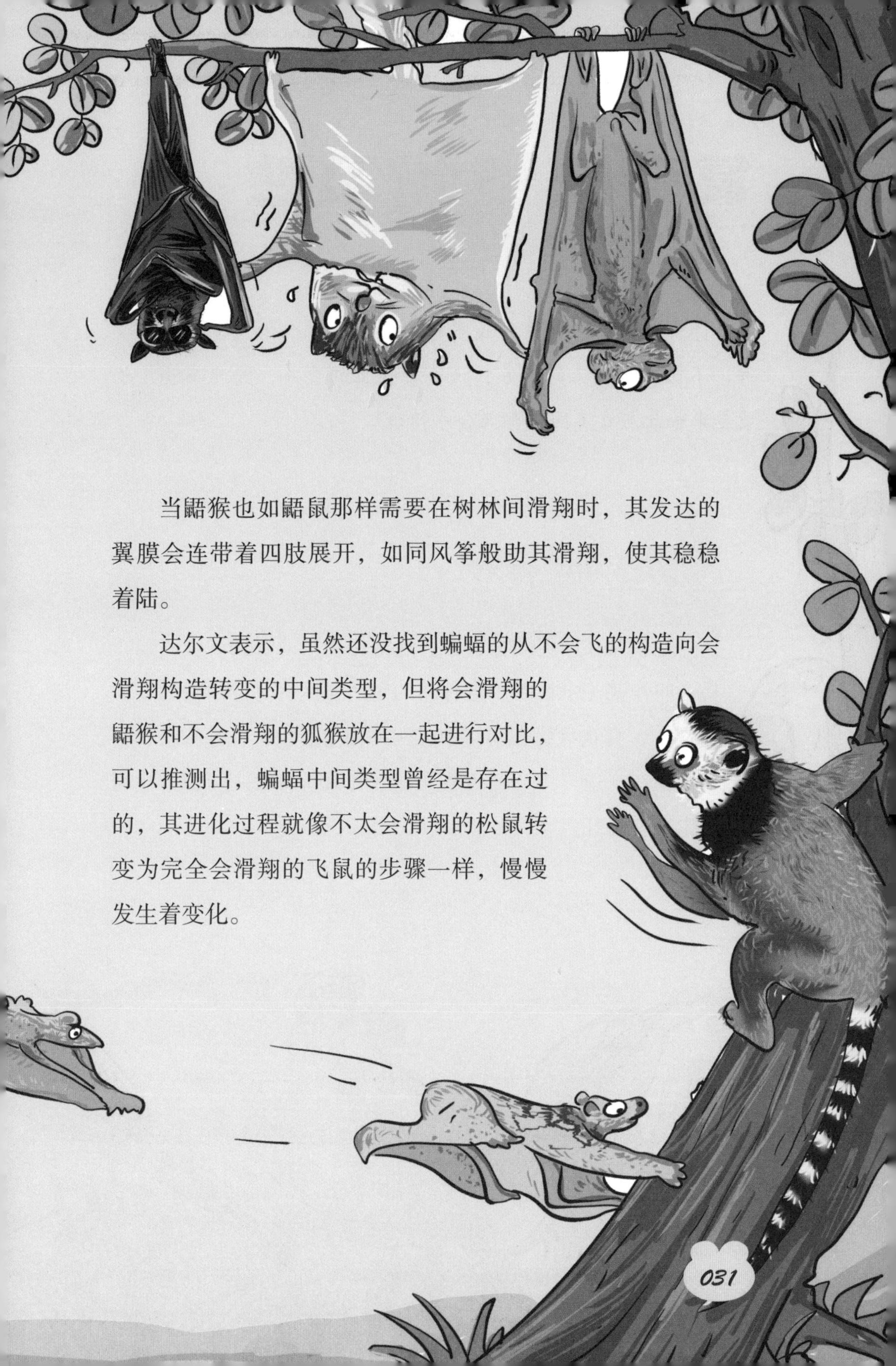

当鼯猴也如鼯鼠那样需要在树林间滑翔时，其发达的翼膜会连带着四肢展开，如同风筝般助其滑翔，使其稳稳着陆。

达尔文表示，虽然还没找到蝙蝠的从不会飞的构造向会滑翔构造转变的中间类型，但将会滑翔的鼯猴和不会滑翔的狐猴放在一起进行对比，可以推测出，蝙蝠中间类型曾经是存在过的，其进化过程就像不太会滑翔的松鼠转变为完全会滑翔的飞鼠的步骤一样，慢慢发生着变化。

复杂的生物习性

自然选择令同属异种或同种的生物不同个体产生了诸多变异，不仅有构造上的变异，还有习性上的变异，因此某些生物看起来如此与众不同，却又合乎情理！

性情大变的鸟类

达尔文在南美洲考察时，经常能在当地看到一种凶残的鸟，叫作鹟（wēng）。这种鸟的生活习性有时像凶猛的红隼（sǔn），喜欢盘旋在半空中或四处翱翔猎食；有时又能安静地伫立在水边，像“捕鱼达人”中的翠鸟一般，伺机俯冲到水中捕食鱼虾。

在英国，有时也能看见一种体形较大的山雀，不仅能像旋木雀那样攀爬在树枝上行走自如，有时还会像性情凶猛的伯劳鸟那样啄击某些小型鸟类的头部，使其死亡，偶尔还能看见这类山雀落在紫杉树的枝头，像其他鸟类啄食坚果一般，使劲啄食紫衫的种子。

我们知道，黑熊是一种生活在林间的杂食性动物，虽然会游泳，但算不上游泳“健将”，也不会轻易去河水中猎食。然而，达尔文告诉我们，北美洲有一种黑熊，不仅能在水中游泳好几个小时，还能像海中的鲸一般，张大嘴巴吞食鱼、虾。

以上三个例子是在说明，同一物种或同一属下异种间的诸多个体具有多样性，有些个体的习性已经与同种间其他个体的习性大相径庭。当生存斗争在各物种之间激烈上演时，某些动物的构造会发生细微的变化，生活习性也可能随之

改变。但究竟是习性先发生转变，从而导致了构造的变化，还是构造先发生细微的改变，又引起了习性的转变呢？达尔文说，这两者可能是同时发生改变的。

生活习性迥异的啄木鸟

当啄木鸟发现某棵树的树干有害虫时，它会紧紧地攀缘在该树干上，头与树干保持几乎垂直的角度，然后用它坚硬的喙部啄开有裂缝的树皮，再用舌头将害虫及虫卵钩出。一只啄木鸟一天大概

可以吃掉一千多只害虫，是名副其实的“森林卫士”。

然而，在北美洲，有些啄木鸟的主要食物来自果实而不是树上的虫子，还有些翅膀很长的啄木鸟，可以边飞翔边捕捉昆虫。更有趣的是，在面积广阔的拉普拉塔平原（南美洲），那里的草原广袤无垠，树木比较稀少，生活着一种几乎从未爬过树的鸟类。然而从它的外形、声调和起飞时的姿势基本可以判定，这种鸟的确属于啄木鸟的一种。

生活在不同环境中的啄木鸟有着迥然不同的生活习性，根据这种例子可以推测出，自然选择使某些个体构造发生了非常显著的变化，甚至与原本的构造有很大区别。

动物身上那些奇怪的构造

达尔文将自己的探索视线从鸟类身上转移到了动物的“脚丫子”上。鸭子和鹅的脚掌上都长有蹼，不言而喻，这是专为游泳而生长的。奇怪的是，一种生活在高原上的鹅的脚掌间也长着蹼，但它们不怎么涉水，甚至不靠近水，脚掌上怎么会长蹼呢？

更离奇的是，一种生活在海边的大型海鸟——军舰鸟，它们的四根脚趾上皆有蹼，可是几乎不下海捕鱼，而是凭借着能够在高

空中盘旋和直线俯冲的绝技来恐吓或袭击其他捕鱼归来的海鸟，再从它们口中抢夺食物。人们因此给军舰鸟起了个绰号叫“强盗鸟”。

生活在湖泊、沼泽、湿地边上的水鸟们都长着很长的腿，因为它们涉水，需要在水底或污泥中捕食虾、鱼、昆虫和贝类等食物。可是像秧鸡一类的水鸟，虽然还保留着一双长腿，但它已经适应了在陆地上生活，而且生活习性已经和鹧鸪、鹌鹑等具有陆生习性的鸟类相同了。

从上述例子中，我们不难看出，有些生物的习性与自身构造不相一致了。就像高原上的鹅，它已经没有涉水的习性了，可是脚上仍然保留着没有实际功能的残迹——蹼。

器官的各阶级类型在哪里？

达尔文说，如有人能举出一个例子，证明无论动物还是植物的复杂器官，不是通过细微的差异、连续的累积和大量的改进形成的，那他的进化论就像被锤子砸泡的沫一样，粉碎了。

幸运的是，至今还没有人站出来推翻达尔文关于进化论的学说。

一个器官执行多种“任务”

达尔文告诉我们，尽管他和其他生物学家做出了许多努力，仍然难以找出现存器官各阶级的过渡类型。比如人类的眼睛结构很复杂，最初可能仅仅是一些感光细胞通过不断进化变成了现在的模样，可眼睛器官的过渡类型又在哪里呢？生物学家们很难找到，因为拥有眼睛器官的过渡类型大多数早就被淘汰或灭绝了。

器官一定是在距今非常遥远的时期形成的，生物学家们要想找出各种器官早期各阶级的过渡类型，就得先观察非常古老的原始物种，可它们几乎灭绝了。

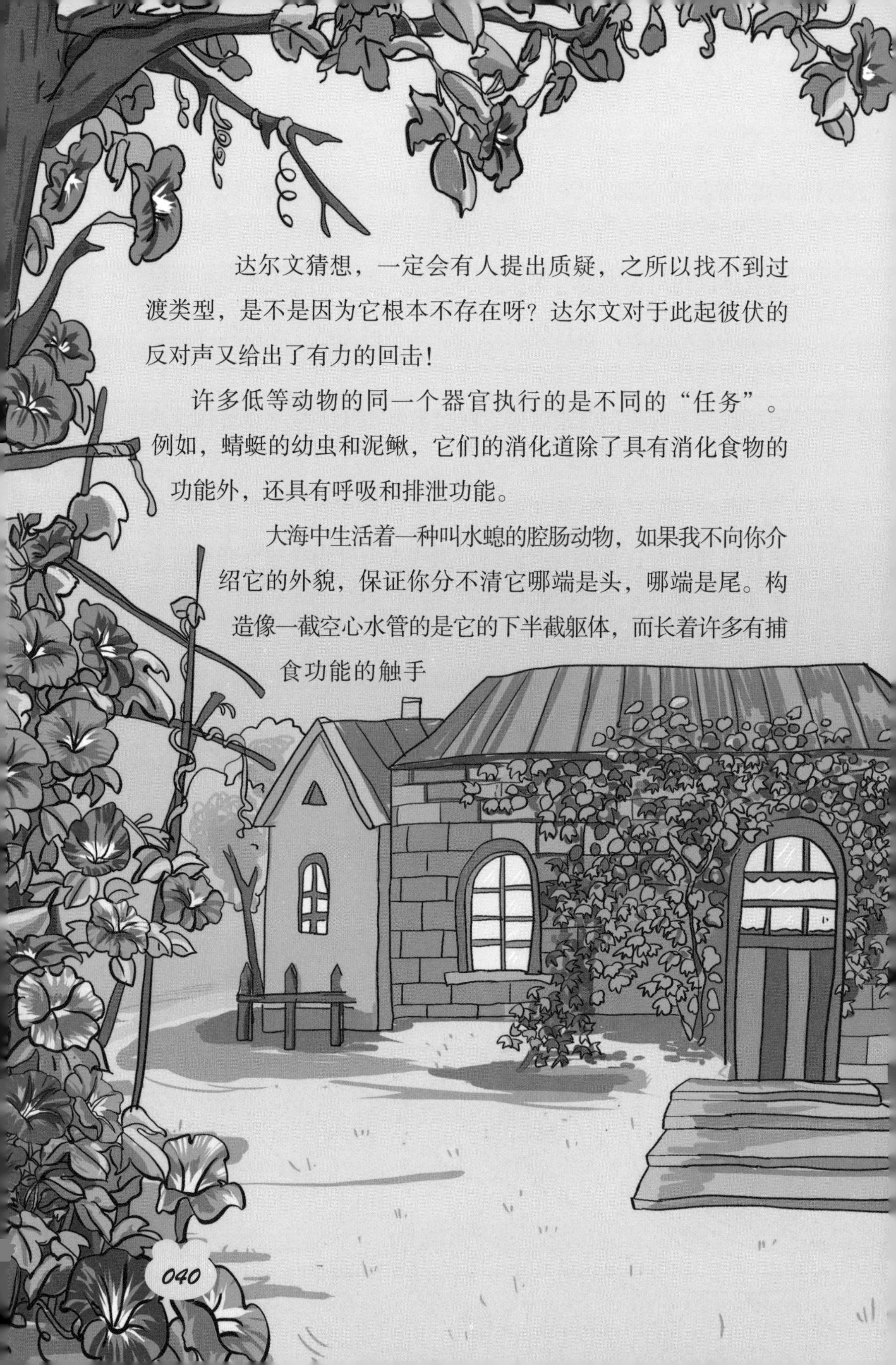

达尔文猜想，一定会有人提出质疑，之所以找不到过渡类型，是不是因为它根本不存在呀？达尔文对于此起彼伏的反对声又给出了有力的回击！

许多低等动物的同一个器官执行的是不同的“任务”。例如，蜻蜓的幼虫和泥鳅，它们的消化道除了具有消化食物的功能外，还具有呼吸和排泄功能。

大海中生活着一种叫水螅的腔肠动物，如果我不向你介绍它的外貌，保证你分不清它哪端是头，哪端是尾。构造像一截空心水管的是它的下半截躯体，而长着许多有捕食功能的触手部分才是它的头。更加有趣的是，它能将自己的身体内部结构翻至外层，用外层来消化，用内层来呼吸，这个办法真是“一举两得”。

达尔文认为，具有两种功能的器官，如果在发挥其中一种功能方面取得了优势，那么自然选择就有理由在一段漫长的时间里使该器官的全部或者部分在不知不觉中发生了变化，从而改变整个器官的性质。

多个器官执行同一个“任务”

鱼类不仅需要用鳃在水中呼吸，还需要用鳔（biào，鱼类体内可以收缩和膨胀的气囊,俗称“鱼泡”)吸取水中游离的空气，来控制身体的上浮和下沉。

有攀缘习性的植物大概有三种攀缘方式，一种是呈螺旋式的缠绕，比如牵牛花；另一种是用卷须或者叶柄卷住其他物体使其植株向上生长，如豌豆苗和铁线莲；还有一种则是植物借助枝蔓上的吸盘或者吸附气生根，将自己的秧苗固定在其他物体上，再向上生长，如爬山虎和常春藤。然而，有些植物却能同时拥有以上两种或三种攀缘方式。

鱼类和攀缘植物这两个例子说明了在生物体内，如果有两个器官具有同样的功能，并且其中一个器官对另一个器官起到辅助作用，那么这个器官最后可能会被更加完善的那个器官完全取代，从而变得无用。鳔就是个好例子，它除了可以帮助鱼类漂浮外，还能辅助鱼类呼吸，甚至有些鳔还对鱼的视觉和听觉有辅助作用。

低等动物和高等动物

动物学中通常把自身结构简单、内部组织和器官分化不明

显，以及变异次数较少的无脊椎动物称为低等动物。

地球上低等动物的数量占据了动物总数的 90% 以上，规模十分庞大，主要包括海绵动物门、腔肠动物门、棘皮动物门、节肢动物门等约 20 个动物门。

在低等动物中，除了节肢动物门中的昆虫外，其他动物主要生活在海洋之中，它们的身体构造及形态千差万别，有的身体柔软，如海葵、水母、珊瑚虫；有的长着坚硬的外壳，如海星、海胆、海参。

动物学中一般把身体结构复杂、内部组织和器官分化明显的有脊椎动物称为高等动物，也叫四足类动物，包括两栖类、爬行类、鸟类和哺乳类。

动物学中高等动物和低等动物之间并没有明确的划分标准，仅仅依靠身体结构复杂与否、组织和器官的分化得是否明显，以及是否有脊椎来区分。

动物有哪些奇妙的本能？

蜜蜂能够搭建完美蜂巢的本能是多么不可思议呀！在自然界中，这种奇妙“力量”维持着动物的生命，帮助它们繁殖后代。

达尔文心里应该在想，一定要将“本能会变异”这个难点向大家解释清楚，才能让自己的理论流传下去。

认识下本能

夏天蚊虫多的时候，经常能看见树上或是墙角挂着一张大大的蜘蛛网，要是哪只倒霉的虫子不小心被黏住，可就成了蜘蛛的盘中餐。蜘蛛织网的技能是从哪里学来的呢？是蜘蛛的爸爸妈妈传授给它的吗？

小蜘蛛出生后其实不怎么与父母接触，甚至还会尽量避开父母，以防止被父母吃掉。即使一只小蜘蛛从来没见过蜘蛛网长什么样，它长大后也会吐丝织网，因为蜘蛛天生就会织网。

除了蜘蛛可以织网外，自然界还有许多有趣的现象，比如鸟儿天生就会给自己搭建完美的巢穴；蜜蜂能通过舞蹈来交流信息；海龟出生后会独自朝着大海的方向前进；候鸟们冬天里集体迁徙到温暖的地方去；人类和许多其他哺乳动物从出生起就会吃奶……这下你明白了吧，这些不用学习就拥有的能力，这就是本能！

正如达尔文所说：“有些活动似乎得是经验丰富的动物才能完成的。”比如一个人通过后天的多次学习，才能打好网球。而有些行为却被一些没有经验，甚至是幼小的动物完成了，尽管它们压根儿不知道为什么要这么做，比如蜘蛛结网。这大概就是本能。

习性与本能的区别

人的许多习惯性活动都是在无意识中完成的，比如无意间反复哼唱同一首歌；当你认真背诵一篇课文却被别人打断时，通常会从头开始背诵。这些习性和某种本能惊人地相似。

达尔文记录过一种毛虫的本能。他将一条织茧已经织到了第六步的毛虫放到另一个只织到第三步的茧里，这条毛虫

还会兢兢业业地织完第四步、第五步、第六步。但如果把一条刚织到第三步的毛虫放到另一个已经织完了六步的茧中时，这条毛虫就会变得手足无措，随后还是从第三步开始认真织茧，这种行为就是毛虫受本能的驱使在行动。

以上例子说明有时习性和本能非常相似，如果习性也能够如本能一样可以通过遗传得到，两者可就真的很难区分了。但其实它们有着非常明显的区别，那就是习性无法遗传。

一个人如果在他小的时候没有经过任何训练就能弹得一手好钢琴，那我们可以说会弹琴是他的本能，但实际上他是通过后天反复练习弹琴才取得如此高的成就，这就不是本能。

家养动物的本能

小朋友家里养过哪些小动物呢？细心的你有没有发现它们有哪些特殊的本领呢？

家养动物本能变化多

本能的遗传和变异在家养动物身上表现得极为明显。

幼小的导盲犬第一次被主人带到外面时，就有引导主人安全走路的意识；寻回犬似乎天生有衔回猎物的本领；牧羊犬大都习惯环绕着羊群奔跑，这样能够更好地管理羊群。

由此可见，一些家养动物年幼时没有通过后天的训练和学习就已经掌握了某些“本领”，它们的后代也同样如此。

这些幼小的家养动物在使用自己的“本领”时，根本没有

什么目的性。想一想，就算小导盲犬再聪明，它也不可能拥有“我要帮助主人”的意识吧，这就跟白蝴蝶不知道为什么一定要在叶子上产卵一样。所以，家养动物自幼就有的这些“本领”和本能没什么分别。

达尔文曾在野外偷偷观察过几种野狼的活动。有一种狼嗅到猎物的气息后会立马定在原地，然后小心翼翼地匍匐向前，等到时机成熟之时，再猛然给猎物致命一击。而另一种狼则喜欢环绕着鹿群奔跑，吓唬它们，专门捕捉落单的鹿。这两种狼的捕猎活动皆是出于本能，且世代延续。

经过对比可以发现，家养动物的本能远不如野生动物的本能那样具有稳定性。这可能是由于家养动物的生活环境不太固定，它们的本能是在较短的时间内形成的。

家养动物的本能是如何加强的?

格力犬，又名灵缇犬，是一种比较古老的猎犬，机灵勇敢，奔跑时健步如飞，是草地野兔的最强敌手！以往人们打猎时，它们常伴左右。

犬类饲养员们曾将斗牛犬和灵缇犬杂交，灵缇犬的机警、敏锐和行动的灵活性出现在了好几代狗宝宝身上；之后，人们又让牧羊犬与灵缇犬杂交，繁殖出的后代都像灵缇犬那样喜欢抓野兔。

达尔文说他见过一种混有狼的血统的犬，当主人呼唤它时，它不会径直奔向主人，这是它的祖先狼才具有的狡猾和警惕性。

由此可见，通

过杂交，家养动物的本能竟然可以奇妙地混合在一起，遗传给后代，使其后代在很长一段时间内仍然保留着和最初参与杂交的个体一样的本能。

有人认为，家养动物的本能是由于人类后期长时间对它们进行固定模式的训练，才养成的习性，经过遗传后，逐渐形成了本能。这种想法不完全正确。例如，人工饲养的翻飞鸽的雏鸟，没有经过任何训练就会翻飞，可之前并没有谁专门训练它们的祖先翻飞，而且，也不会有人会凭空产生"我要让这些鸽子学会翻跟头"的古怪想法吧？

有可能的是，最初鸽群中的一只鸽子先发生了向上翻飞的轻微变异，经过连续的遗传和变异，自然选择筛选出了优势个体——会"翻飞"的鸽子，也就是现在的翻飞鸽。

有人告诉达尔文，有一种家养的翻飞鸽，如果不翻转着飞就飞不高，可见，翻飞鸽的"翻飞技"对它们自身来说大有用处。

家养动物的本能究竟是如何加强的呢？

大致是人类在刚开始驯养动物的时候，发现了家养动物的行为具有一点儿向某一方面发展的倾向，便试图通过训练加强这种效果。

比如人们偶然发现有的狗出现想要追踪猎物的倾向，便通

过训练使它变成猎犬。因此，家养动物本能的加强，可能和人类长久以来的圈养和训练有很大关系。

本能不见了

达尔文说，有一种鸡在野生状态下是很乐意孵蛋的，可经人类驯养后，它们变得不爱孵蛋，甚至不孵蛋了，这是因为心智受到了影响。

被驯养的犬虽然已经对人类十分友善亲昵，有时依然会流露出野性，攻击家里的鸡、鸭、牛、羊。此时，人类可能会用鞭子狠狠教训它们，使它们产生恐惧，不敢再随意攻击。对于“屡教不改”的恶犬，人们还会将其除掉。长此以往，犬类性情大变，野性逐渐消失了。

家养的刚破壳的小鸡，已经不怎么害怕犬和猫了，但如果是由家养的母鸡孵化出来的小野鸡看到犬和猫，还是会流露出惧怕它们的本能。

经过人类的驯养后，野生动物的本能可能会改变或完全消失。

眼睛是怎样进化的？

人类的眼睛真是一个奇妙的“装置”，透过长在眼窝处的一对小小的眼球，我们就能看到这个五彩斑斓的世界。如果没有这双眼睛会怎样呢？闭上双眼感受一下，如果没有了眼睛，我们感受到的世界将会是漆黑一片，连走路恐怕都要摔跟头啦！

对于自然界中的多数动物来说，眼睛是十分重要的视觉器官。科学家们在研究眼睛的构造时，意外发现人类眼睛的构造和成像原理与照相机的构造和成像

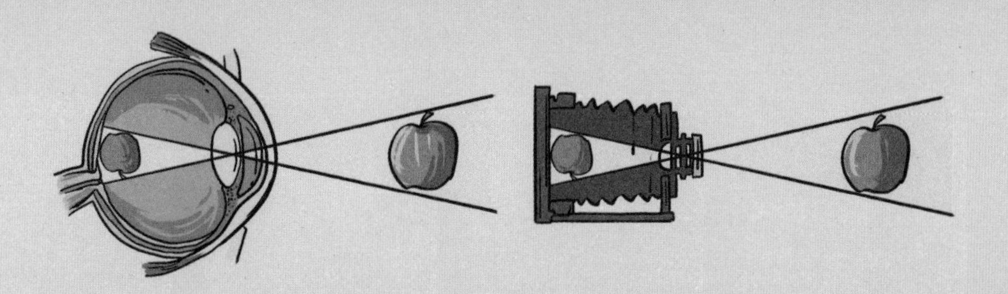

原理十分相似。照相机由机身、镜头、光圈和胶片等组成，而人类的眼球上有角膜、瞳孔、晶状体、视网膜等。角膜相当于照相机的前镜头，瞳孔的功能类似光圈，晶状体就像是可以调节焦距的镜头，视网膜像是照相机的胶片。

我们的眼睛眨呀眨，像照相机一样咔嚓咔嚓，接收着物体反射的光线，并将其转变为神经信号，源源不断地输送给大脑。

对眼睛痴迷的达尔文

达尔文痴迷于对眼睛的研究，在那个科技不发达的年代，他就已经对眼睛的结构和功能有了较为深刻的认知：眼睛的结构设计得无可比拟，它可以调整远近的焦距（看清物体），能接收到物体反射或者折射过来的光线，还能分辨出各种颜色。就连达尔文自己都惊讶地说道："如果说构造如此精巧的眼睛也是通过自然选择得来的，这种想法还真让人难以置信！"

不少人认为，像眼睛这样完美的器官，不可能是通过进化得来的。它的构造如同工匠精心设计的机械一样，复杂而又精密，若缺少任何一个"小部件"，都不能正常发挥功能。那么眼睛究竟是怎么来的呢？

这个问题困扰了达尔文很久，如果不能用进化论将人类复杂的眼睛结构解释清楚，肯定又会有一大批人站出来抨击他的进化论了。

完美的眼睛

最初的“眼睛”没有视觉神经，只有一团色素细胞附着在肉胶质组织上。这种视觉器官仅能辨别光线的明暗，不能看清物体。更高一级的，可以称为眼睛的视觉器官，又多了一条视觉神经，而且色素细胞上还多了一层膜。但这种简单的眼睛还不具备晶状体和其他能折射光线的构造。

带有一条视神经的眼睛能集中光线，也就朝着进化出能成像的眼睛的方向又迈出了一大步！直至进化出能在视网膜上成像的眼睛。达尔文告诉我们，最初，一些动物眼睛上的视神经被色素层包围着，并没有其他光学装置。但有时候，色素层上可能会出现一个瞳孔。

我们比较熟悉的那些长着巨大复眼的昆虫的眼角膜上分布着密密麻麻的小眼，这些小眼组合在一起，就形成了一个晶状体，里面还包裹着变异的神经纤维。

由此可见，自然选择有能力让只拥有一条视神经的眼睛进化成完美的眼睛。由于已经灭绝的动物数量比现今存在的动物的数量多太多了，我们很难再发现眼睛过渡类型的存在了。

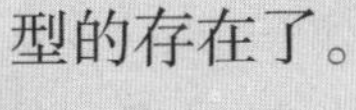

被“奴役”的黑蚁

在奴隶制社会，奴隶主不仅将俘获的奴隶视为个人私有财产，任意买卖、惩罚奴隶，限制奴隶的人身自由，还强迫奴隶们为其无偿劳动。那个历史时期是被奴役的人的一段血泪史！

你相信吗？除人类外，自然界中的不少昆虫也有“蓄养奴隶”的行为，比如蚁类，但与人类复杂的行为相比，蚁类蓄养奴隶的行为仅仅出于本能。

目瞪口呆

蚁类中的红蚁不仅是懒汉，还是连饮食起居都要使唤黑蚁奴隶的大奴隶主！如果没有黑

蚁奴隶任劳任怨、悉心照料，用不了一年时间，红蚁这个物种就有可能灭绝！

红蚁有多懒？雌雄红蚁夫妇几乎什么活都不干，没有生育能力的雌红蚁（工蚁），除了自告奋勇外出捕捉黑蚁奴隶外，其余的事情都不管，把建筑蚁巢、喂养幼蚁的辛苦工作全部丢给了黑蚁奴隶。

每次迁移到新巢穴时，黑蚁奴隶不仅要马不停蹄地运送红蚁的卵，还要用大颚将红蚁衔起来，将“主子

们”也运送到新巢穴里。

红蚁果真如此懒惰吗？有一位叫胡克的生物学家专门用红蚁做了实验。他将30只红蚁关在一起，使之远离黑蚁奴隶，又在它们活动的区域内放上它们最喜爱的食物，可红蚁们无所事事，并不主动触碰那些食物。

为了刺激红蚁的行动，胡克又将红蚁的幼

蚁放了进去，可红蚁们连自己的孩子也懒得照顾，还有不少红蚁不肯主动进食，最后活活饿死了！

神奇的是，当胡克把一些平时为红蚁服务的黑蚁放进去后，它们便立即开始喂养那些奄奄一息的红蚁，为红蚁建造新的蚁穴，还照料它们的幼仔。

这太超乎想象了，真不知道红蚁是如何掌握“蓄奴”这项本领的。

一探究竟

蚁类果真有蓄养奴隶的本领吗？达尔文对生物学家胡克的实验结果有所怀疑，为此，他决定亲自去一探究竟。

达尔文在英格兰南部丛林中发现了一种血蚁，并亲手掘开它们的很多个巢穴，还真发现了不少被“奴役”的黑蚁。黑蚁的个头只有血蚁的一半大，颜色也与血蚁存在较大反差。达尔文一掘开蚁穴，就看到了两种颜色和大小完全不同的蚁类。

在一个大蚁巢中，黑蚁奴隶有自己固定的“房间”，且不能随意出入血蚁的巢穴。达尔文一用木棍惊扰它们的巢穴，黑蚁奴隶们便骚动不已，陆续跑出来驻守在洞口，试图保卫它们的巢穴。

黑蚁们一旦发现

血蚁的幼虫和虫卵暴露在外，便会和它们的主子血蚁们一同努力，将幼卵搬到安全的地方去。

该地区的黑蚁奴隶除了“护卫”主子外，还要兼顾寻找食物。有一年的7月，达尔文发现了一个巨大的黑蚁群倾巢而出，向一棵距离它们的巢穴相当遥远的冷杉树爬去，原因是那上面生满了蚜虫，这是蚁类非常爱吃的食物。

真相大白

小朋友，你有没有这样的疑问，不论是红蚁还是血蚁，为什么它们能够让黑蚁如此心甘情愿地成为奴隶呢？别着急，来看看达尔文是怎样破解这个谜的！

达尔文的观察力极为敏锐，他在深山里连续追踪血蚁的踪迹，像极了侦探，直到偶然发现了血蚁蓄养奴隶的奥秘。

他跟踪了一支血蚁队伍，发现它们四处搜寻但并不像是在寻找食物，而是在找寻黑蚁。当这队血蚁士兵们发现了一支独立在外的黑蚁队伍后，双方竟展开殊死搏斗！黑蚁明显不是血蚁的对手，却仍然顽强抵抗着血蚁的攻击，最终血蚁打败了这些黑蚁，并把黑蚁的尸体运回巢穴，充当食物。显然血蚁用这种强硬的手段是无法驯服黑蚁成为自己的奴隶的。

紧接着，达尔文又发现了血蚁的惯用“招数”，即它们会把一些蚁类散落在外的蛹捡回家。不仅如此，它们还时常侵袭黑蚁的巢穴，打败里面的黑蚁，并把数不尽的黑蚁的蛹运回自己的老巢，这正是血蚁“蓄奴”的阴谋！

黑蚁的幼蛹经常被更强大的蚁类（如红蚁、血蚁等）运回巢穴当作食物储存起来，可有些蛹能够在储存的过程中发育为黑蚁。这些不经意间长大的小黑蚁，极有可能在它们的新家庭中表现出原有的本能，如建筑巢穴、寻找食物、照顾幼蚁等。

倘若血蚁捕捉黑蚁奴隶的行为对自己的生存有利，那自然选择有可能加强这些蓄奴蚁捉捕其他蚁卵的习性，使之成为本能，永远保留在蓄奴蚁身上。这么看来，蓄奴蚁中出像红蚁蓄奴蚁那样什么活都不干、没有奴隶就不能生存的懒汉，也就不足为奇了。

“投机取巧”的杜鹃

有一个成语叫“鹊巢鸠占”，它的意思是强行将别人的房屋、产业据为己有。如果你只凭字面的意思，理解为斑鸠占据了喜鹊的窝，那可就太冤枉斑鸠了！其中的“鸠”可不是斑鸠，而是杜鹃。

大部分杜鹃有“巢寄生”行为，它们会趁别的鸟类不在巢中时，把自己的蛋产在里面，让其他鸟妈妈误认为那是自己的蛋，并帮助杜鹃孵蛋育儿。杜鹃为什么会投机取巧，将蛋产在其他鸟类的窝里呢？

寄养雏鸟

杜鹃为什么会把自己的孩子寄养在其他鸟类的窝里呢？达尔文说这可能和杜鹃鸟产蛋的习惯有关。杜鹃可能好几天才产出一枚蛋，如果所有的鸟蛋都由杜鹃妈妈自己来孵化，不仅孵蛋的时间会延长，鸟窝里还会出现处于不同年龄段的雏鸟。另外，杜鹃还有一个习性，雌鸟会比雄鸟提前迁移，这样一来，喂养雏鸟的重任就都落在了杜鹃爸爸的身上。

那么，杜鹃是怎样学会让其他雌鸟帮忙“养娃”的呢？达尔文说，这可能是最初有一杜鹃鸟无意间将自己的蛋掉落在了

再见！

其他鸟儿的窝里，束手无策的杜鹃妈妈只能时不时地偷偷来看望自己的孩子。

幸运的是，当这只杜鹃雏鸟破壳而出时，不仅没有被“养母”抛弃，反而得到了精心照料。

杜鹃雏鸟能在“亲妈”为它找的“寄养家庭”中茁壮成长，杜鹃妈妈也就不会因照顾不过来太多雏鸟而苦恼了，这对杜鹃妈妈和雏鸟来说都有益处。

长大后的雌性小杜鹃极有可能遗传母亲的行为，也在其他鸟类的窝里产蛋，以便于培养出健壮的雏鸟。

在此后相当漫长的一段时间内，这一行为被不断重复，自然选择就连续保存和累积了这种行为，使之成为杜鹃的“寄养”本能。

“自私”宝宝

雀鸟妈妈的鸟窝里突然多了一枚异常的鸟蛋，可雀鸟妈妈似乎一点儿也不介意，仍勤勤恳恳地孵蛋。

当所有雏鸟都陆续破壳而出时，我们一眼便能辨认出哪只是杜鹃的雏鸟。雀鸟妈妈雏鸟长得粉嘟嘟的，小巧可爱，杜鹃的雏鸟却长得黑乎乎的，个头极大，一看就不

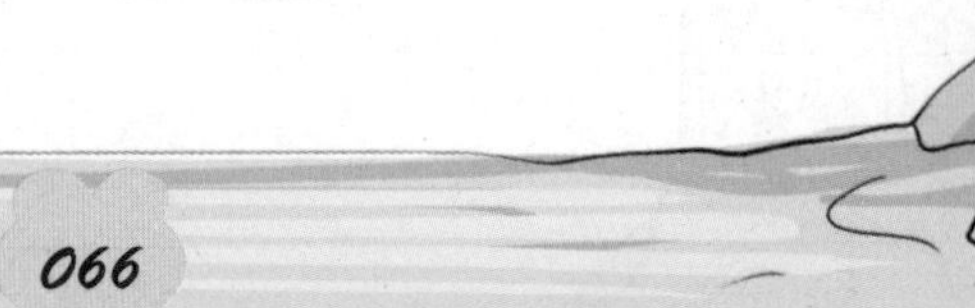

是自己的孩子！

小杜鹃很凶，不仅当着“养母”的面抢夺兄弟姐妹的食物，还会趁雀鸟妈妈外出捉虫时残害它们。

有一位生物学家观察发现，大约在小杜鹃被孵化出的三天后，它的“养兄弟姐妹们”尚在壳中时，一只眼睛都还没睁开，甚至连抬起头的力气都没有的小杜鹃，却有力气将其他鸟蛋或刚破壳的雏鸟一个个挤出巢穴，让它们接连毙命。

有人将跌落在外的雏鸟放回巢中，可很快又被小杜鹃排挤出去了。

为什么小杜鹃会这么自私，独占鸟巢呢？因为小杜鹃鸟这样做，不仅能让自己吃到充足的食

物，独得“养母”的关爱，还能让其他小鸟在没有获得感觉之前，就没有痛苦地死去。

小杜鹃排挤其他鸟类的这种习性虽然有点可恶，可还是被自然选择累积并保留了下来，因为这可以让它们安全、顺利地被养大。经过几个连续的世代的自然选择后，排挤其他鸟蛋的行为，发展成为小杜鹃的本能。

寄生的本能

像杜鹃那样具有在别的鸟类的窝里产蛋的本能，并不算稀奇，许多动物都有让自己的后代寄生的习惯。

达尔文说，几只雌性美洲鸵鸟会习

惯性地先在同一个巢里产蛋，然后再去另一个巢中产几枚蛋，最后这些鸵鸟蛋的孵化任务都由雄性鸵鸟完成。

这种情况发生的原因大概和雌性杜鹃一样，雌性鸵鸟也是间歇地产蛋，并非每天都产。

不只有鸟类，昆虫中也有相似的例子。著名的昆虫学家法布尔曾发现一种小唇沙蜂，它们多数情况下能够自己筑巢，还能够不断为幼虫往里面储存食物。可一旦当它发现泥蜂筑好了的装满了食物的巢穴后，就会将其“据为己有”，把自己的蜂卵产在泥蜂的蜂巢里，让泥蜂帮忙照顾其幼虫。归根结底，小唇沙蜂的行为，也是为了对自身的后代更有益处才发生的。

动物“寄生”的本能看似有些不道德，可如果这个做法对占领方有益，而且不会使被占领方的后代惨遭灭绝，自然选择有什么理由淘汰这种行为呢？

天才“建筑师”

古希腊数学家巴普士曾在他的著作《数学汇编》中提道：蜂房里到处都是等边、等角的正多边形图案，非常匀称且有规律。达尔文在进化论中也强调：如果一个人看到蜂房后不觉得震撼，那他百分百是个糊涂虫。

蜜蜂构建的蜂房究竟有多神奇，能够让科学家们都赞不绝口呢？

小蜂巢大构思

小蜜蜂把辛苦采回的花蜜藏在哪里了呢？就藏在一个鼓鼓的蜂巢里。蜂房“千疮百孔”，悠长深邃，要是哪只小虫子不小心钻了进去，准保会迷路的！

蜜蜂蜂巢大体结构由巢脾构成，而巢脾又

由无数个“巢室”相接而成，每个巢室之间仅有一层蜡质相隔，排列得十分紧密。

巢室的设计十分讲究！巢室底部是正六边形，每个内角都是120°，因此每个巢室都是一个正六棱柱结构。而每个正六棱柱又紧挨着另外两个正六棱柱，那么三个棱柱相接的夹角就凑成360°，近似一个圆形。

小朋友可能忍不住要猜想了，这样的结构有什么特别之处呢？

根据几何原理，能够将一个平面铺满的多边形只有正三角形、正方形和正六边形，而我们都知道，周长相等的图形

中，圆的面积最大，一个图形越接近圆形，所能圈出的面积就越大，因此蜜蜂建造出六边形巢室也就意味着它们能够用同样多的建筑材料建造更大容积的巢室，也就能够尽可能多地储存蜂蜜。

所以你看，小蜜蜂多么聪明啊，建房子时还懂得节省材料呢！

蜜蜂蜂巢的六边形结构也叫“蜂巢结构”，设计得不仅十分巧妙，还很坚固，在航天事业中的应用十分广泛，如人造卫星的机壁、飞机机翼以及太空舱的内部构件等都借鉴了蜜蜂的“蜂窝构造”，小蜜蜂的贡献还真大呢！

建筑蜂巢的材料

既完美又坚固的蜂巢究竟是用什么材料建成的呢？难道蜜蜂们每天不辞辛劳地飞着，除了要采花蜜还要搬运建筑材料吗？

蜜蜂们才不会舍近求远，因为它们自身分泌出的蜂蜡就是一种特别环保又实用的建筑材料。

蜂蜡又叫蜜蜡，是从蜂腹部的蜡腺中分泌出来的物质。

年幼的蜂均发育不完全，不具备分泌蜡的功能，年老的蜂蜡腺退化也难以分泌出蜡，只有健壮的青少年工蜂才能分泌出优质的蜡。

蜂蜡不是从蜜蜂身体中无限产出的，而是由蜜蜂采集的花蜜在蜜蜂体内发生化学反应形成的，想要分泌出一斤蜂蜡，至少要采集三斤蜂蜜和少量花粉，而每只工蜂每日的采蜜量还不到 1 克。也就是说，如果想分泌 1 斤蜂蜡，至少得有 2000 只工蜂同时出去忙碌一天才能完成。

蜂蜡不仅可用于筑巢，还是蜜蜂们储存蜂蜜和繁育后代的必要原料，十分宝贵，因此蜜蜂们才想尽办法节省着使用蜂蜡，试图用最少的蜡建造更多的房子。

不可思议的本能

蜜蜂蜂巢的巧妙设计也是出于本能？真是不可思议。有人说，就算一个技术娴熟的工匠都不一定能建造出如此精巧的蜂巢，更别提像蜜蜂一样在黑暗中艰难作业了。

筑巢时，蜜蜂们是如何“测量”蜂巢角度的呢？又是怎么造出完美的六边形蜂巢呢？达尔文告诉我们，这些疑问都可以通过本能来解释。

大家在野外看到的蜂巢上面由于聚集了许多蜜蜂，很难看出哪些是正在筑巢的蜂。

达尔文只好亲自捕捉一些蜜蜂来做实验。

他先在蜜蜂们活动的区域内放入一块方形的蜡板，然后观察蜜蜂们的动向。其中一些蜜蜂很快就忙碌起来了，它们彼此间保持着一定距离，并在蜡板上开凿出一个个圆形的凹坑，直到这些凹坑足够深、足够宽，并且能像拼图一样拼在一起时，一个完美的六边形“盆底”被挤压成了。紧接着，蜜蜂们便开始沿着凹坑与凹坑的交接处，建造蜡壁。

那么蜜蜂又是如何能够实现等距离站位的呢？建筑蜂巢和供养幼蜂所需的蜂蜡如此之多，而蜜蜂分泌的蜂蜡又是何等宝贵，蜜蜂需要想尽办法，才能用最少的蜂蜡建造更大的蜂巢。当蜜蜂们逐渐发生了有利于这一方向的微小变异，那么自然选择就能连续筛选并累积微小变异，而蜜蜂朝着这个方向不断摸索，最后便建造出了最节省材料的六边形蜂巢。

地球上存在这种生物吗？

说到牛，我们脑海里可能会想到头上长着犄角、大眸子水汪汪，高兴起来哞哞叫的大水牛；提到马，我们也会联想到脸长、厚鬃毛、腿纤长的骏马。

可如果让牛和马杂交，生出来的后代长什么样呢？估计是个非牛非马的怪物。

若自然界的物种都可以自由杂交，由此繁育出的后代也同样具有繁育能力，那肯定到处都是“四不像”的怪物了。要是真这样，地球不就乱成一片了？

维护自然秩序

物种主要靠有性生殖和两性配子来繁衍后代，如果两个不同物种杂交产生的后代不具备繁殖后代的能力，那它们也就没有必要杂交了。因此，为了维持安定有序的自然秩序，大自然通过让杂种的后代不育来有效阻止不同物种杂交。

真的是这样吗？大自然这个大家长会用这样简单的办法让不同种的生物彼此间划清界限，以利于其维持好自然家园的秩序吗？

如果“不育性”真成了防止物种混淆的自然准则，那为什么不同物种杂交后的不育程度千差万别？为什么同种物种结合也同样会发生不能生育的情况？为什么还要允许杂种后代出现呢？直接让所有不同物种杂交不能产生杂种后代这种“一刀切”的办法不是更容易吗？达尔文说自然界各种生物的关系远比我们想象的复杂，但大自然既能让有些物种杂交，生出杂种后代，又要用不育性来限制杂种后代继续繁殖，这可真是一种奇怪的安排呀。

凡事都有特例

由于人类长期驯养家养动物，对它们的特征、习性，以及性格特点均掌握得十分到位。

例如，常被人类用于驾车拉货的牲畜，马高大、强壮，奔跑速度快，但缺乏耐力；驴的耐力很好，又温顺，可力气不如马；牛的力气大，又好管理，可牛行驶速度太慢。

很久之前，人们就想过通过杂交的方式来培养能干更多“力气活儿”的牲畜，于是骡子就被培育出来了。

不同物种之间由于存在生殖隔离，是不能杂交的，即使杂交产生了后代也会不育。

为什么马能和驴杂交，却不能和牛杂交呢？

马是马属马科哺乳纲动物，驴也是马属马科哺乳纲动物，两者的亲缘关系很近，而且人们用来饲养它们的环境几乎相同，给它们吃的食物也相似。经过实验，人类培育出

了骡子。这也是为数不多的杂交特例。

骡子虽然是马和驴杂交产生的后代，结合了马和驴耐力强、力气大、抗病能力强等优点，可它不具备繁殖能力，也就是说，骡子不能再生小骡子了。

小朋友们在动物园里见过狮子和老虎，但有没有听说过狮虎兽呢？老虎多半生活在森林中，狮子大部分生活在草原里，两者几乎没有交集，且它们都是大型猛兽，生性凶猛，脾气火爆，水火不容。因此，在野生环境下，它们几乎不交配。

而生活在动物园里或马戏团里的狮子、老虎们就不同了，经过人类的长期驯养，它们的脾气温顺了许多，有时能够和谐地居住在一处，久而久之就有了交配的可能。它们杂交后，偶尔也能繁殖出杂种后

代，就是那种长得既像狮子又像老虎的“狮虎兽”。

研究表明，狮虎兽也是不具有生育能力的杂交生物。

不育性的规律

虽然达尔文没有找出不育性产生的原因，但经过细心钻研，他掌握了杂交不育性的发展规律。

第一，如果两个几乎不能杂交或者杂交后也难以生育出后代的物种杂交后，生出的多半是没有繁殖能力的后代。

第二，不管杂种后代的外形与它们的亲生父母相像或不像，都对它们的能育性没有什么影响。

第三，杂种后代是否具有能育性，不仅受其自身变化的影响，也和它们生存环境的好坏有关。

第四，两个个体能否杂交还要看它们是否具有亲缘关系，亲缘关系的远近也会对能育性产生影响。比如马和驴是两个不同的物种，但它们的亲缘关系相近，所以杂交后能生育出骡子。

图书在版编目（CIP）数据

物种起源. 进化的谜团 / 张楠编著；梁红卫绘. --
北京：北京理工大学出版社，2024.1
（孩子们看得懂的科学经典）
ISBN 978-7-5763-2863-9

Ⅰ. ①物… Ⅱ. ①张… ②梁… Ⅲ. ①物种起源－少
儿读物 Ⅳ. ①Q111.2-49

中国国家版本馆CIP数据核字（2023）第171701号

责任编辑：封　雪　　　文案编辑：毛慧佳
责任校对：刘亚男　　　责任印制：施胜娟

出版发行 / 北京理工大学出版社有限责任公司
社　　址 / 北京市丰台区四合庄路6号
邮　　编 / 100070
电　　话 / （010）68944451（大众售后服务热线）
　　　　　（010）68912824（大众售后服务热线）
网　　址 / http: //www.bitpress.com.cn

版 印 次 / 2024年1月第1版第1次印刷
印　　刷 / 三河市嘉科万达彩色印刷有限公司
开　　本 / 710 mm × 1000 mm　1/16
印　　张 / 5.5
字　　数 / 53千字
定　　价 / 118.00元（全3册）